# LE
# DRAINAGE

CONSIDÉRÉ COMME BASE

DE

## L'AGRICULTURE MODERNE,

PAR

## P. ALLIOT,

ancien Agent-voyer.

Prix : 50 cent.

CAEN,

ALFRED BOUCHARD, LIBRAIRE,

Rue Notre-Dame, 119.

**1856.**

# LE DRAINAGE

## CONSIDÉRÉ COMME BASE

### DE

## L'AGRICULTURE MODERNE.

Ce titre donné à l'analyse du mode le plus prompt et le plus infaillible de l'assainissement des terres, se posant comme base de l'agriculture moderne, semblerait assez présomptueux s'il ne comportait en même temps le perfectionnement de l'irrigation, l'ameublissement ainsi que la tenue constante du sol dans une moiteur factice indispensable pour obtenir le maximum de la fertilité des terres.

La science ayant apprécié tous ces résultats par les moyens infaillibles qui lui sont propres, n'a pu tomber dans l'erreur, et son témoignage éclairé enlève à ce titre toutes les apparences de présomption qui pourraient lui être supposées.

L'Etat où rayonne toutes les lumières, sollicite la pratique du drainage, conseille une mesure dont les conséquences sont certaines et assurées ; aussi, et depuis longtemps déjà, le gouvernement a-t-il donné de grands encouragements pour le développement de cet art.

L'Empereur, dans sa sollicitude pour l'agriculture considérée comme la source la plus sûre de la prospérité publique, a décrété la loi du 23 juillet 1836 disposant encore de cent millions pour cet encouragement.

D'aussi grands sacrifices faits en connaissance de cause devront, par leur importance, convaincre la routine et faire disparaître l'indolence jusqu'ici récalcitrante.

Pour bien seconder ces bonnes intentions et atteindre le but que la loi se propose, il importe que l'emploi des fonds destinés à ces grands travaux soit fait avec tout le discernement pratique que comportent les détails techniques du drainage. Ainsi, chacun doit contribuer à ce grand concours de lumières de toute la dose de ses connaissances pratiques, quelques faibles qu'elles soient.

C'est dans ce but que nous allons soumettre à l'appréciation des personnes compétentes quelques notions supplémentaires à une brochure que nous avons publiée en 1853, intitulée :

« Origine des maladies des végétaux, particulièrement du
» pommier, de la vigne, etc., suivi des moyens d'éviter ces
» maladies en prévenant par le drainage des terres la vapori-
» sation des eaux corrompues dans le sol. » (Chez l'auteur,
à Dives, et chez Alfred Bouchard, libraire, à Caen.

Ces notions supplémentaires, nous les avons acquises dans la pratique de cet art, en 1853, dans la Brie ; en 1854, dans le pays de Bray, et en 1855, dans le Calvados.

Nous divisons cette petite brochure en deux parties :

1° L'Art du Draineur ou partie théorique et matérielle de cet art.

2° Description des conséquences de ce travail et des avantages qu'il produit.

## PREMIÈRE PARTIE.

### L'Art du Draineur.

L'art du Draineur consiste dans l'étude approfondie de la géologie du sol qu'il est appelé à drainer, de la nature des terrains qui composent ce sol et de leur stratification, de l'importance, direction et inclinaison des différentes couches de terrain superposées, de la manière d'user utilement d'une pente quelconque fondée sur la forme du gisement des couches, de la valeur convenable de ces pentes à donner aux lignes des drains sur une déclivité excessive, et enfin sur la création de pentes factices dans les terrains absolument plats et horizontaux.

Ces pentes, en général, doivent varier entre deux millimètres et trois centimètres, ou entre deux et trente pour mille.

Au-dessous du premier chiffre, l'écoulement des eaux se ferait avec peine; au-dessus du second chiffre, ces eaux en descendant ravineraient le sol qui sert d'assises aux tuyaux et détruiraient l'harmonie indispensable entre les différentes pièces composant la série de tuyaux des lignes.

Toutes ces considérations doivent se combiner avec l'établissement des centres convergeants des groupes des lignes de drains, que nécessitent les différentes pentes et les différents bassins d'une pièce de terre à drainer, eu égard au point de décharge ou de sortie des eaux de cette pièce de terre, et avec l'application des règles souvent difficiles de nivellements minutieux, joints aux considérations de l'hydrodimanique et de l'hydrostatique ainsi qu'avec le nivellement souterrain du fond des tranchées.

Toutes ces opérations scientifiques sont du ressort exclusif des connaissances de l'homme spécial, mises en action au moyen des instruments de précision.

Ainsi, le propriétaire qui veut obtenir tout le succès possible du drainage ne doit confier le tracé des lignes qu'à des personnes qui ont fait leur étude spéciale de ces travaux.

Cette considération est du plus haut intérêt, car, il ne faut pas se le dissimuler, presque aucuns des travaux de drainage dans nos contrées ne sont faits d'après les règles de cet art, et l'insuccès a souvent fait regretter la mise de fonds.

Le vulgaire a critiqué injustement l'insuccès du drainage, et ce n'était au fond, que la conséquence obligée de l'incapacité de l'opérateur, qui devait être mise en ligne de compte.

Ainsi, c'est un propriétaire, lequel n'ayant pas l'habitude de ce travail, l'a dirigé lui-même, quand toutefois il n'a pas abandonué le tout à ses ouvriers.

Ces ouvriers aussi inexpérimentés et privés des notions les plus élémentaires de cet art, ne possédant que le coup-d'œil instinctif toujours trompeur, même chez les gens experts.

Quelquefois un chef quelconque, plus présomptueux que le vulgaire, envoyait, avec promesses de les surveiller dans le cours de leurs travaux, des ouvriers qui n'avaient même pas encore contracté l'habitude de se servir des outils spéciaux propres au drainage, pour creuser sans nivellement préalable, des tranchées telles quelles, dans des directions hasardées et souvent contraires dans une partie de leur trajet, à l'égouttement bien entendu des terres, tranchées faites souvent à des profondeurs insuffisantes, plutôt modelées pour cette profondeur, sur la surface inégale du sol, que sur un nivellement régulier du fond.

Ces ouvriers sans expérience comme sans direction ont posé eux-même les tuyaux sur le fond raboteux des tranchées, propre à leur faire faire bascule, et sans pratiquer la pression d'about, né-cessaire pour la transmission régulière et permanente de l'eau dé l'un quelconque de ces tuyaux à son suivant; des inégalités linéaires dans les pentes, quand toutefois il ne s'y trouve pas de temps d'ar-rêt ou même de pentes contraires ou rampes, d'ailleurs si faciles à pratiquer dans les terrains plats, des embranchements mal abou-chés, la terre jetée brutalement sur les drains et les dérangeant, toutes causes qui occasionnent, en contrariant le cours de l'eau, le dépôt des matières en suspension provenant du ravinement du fond irrégulier, lequel dépôt en interrompant l'écoulement, établit des foyers d'eau stagnante ; ces eaux ainsi réunies en flaques sou-terraines, causent plus de préjudice au terrain ainsi drainé, que lorsque les eaux étaient avant le drainage disséminées à l'infini dans le sol.

Il serait donc moins préjudiciable au terrain de ne pas drainer du tout, que de drainer mal.

L'étude du drainage doit donc se composer d'un plan à l'échelle d'un millième, où figureront par des lignes plus fortes, le passage le plus bas de tous les petits bassins de la pièce de terre à drainer ; ces lignes principales devront converger ensemble ou séparément à un ou plusieurs points de la décharge des eaux, ces lignes sur le plan figureront sur le terrain les lignes de drains collecteurs.

De semblables lignes seront figurées parallèlement aux clôtures s'il en est besoin, mais à une distance d'au moins 6 mètres des haies vives ; les lignes du fond des bassins ou lignes collectrices et celles-ci bien fixées par un nivellement exact, deviendront sur le terrain le siége des principales lignes d'égouttement à l'intérieur des groupes et d'aérage à l'extérieur.

Toujours d'après le nivellement sur le terrain où figurera, et à des distances parallèles rapprochées, selon le besoin d'égouttement et la nature du sol , des lignes secondaires prenant leur origine aux limites de la pièce à drainer et aux arrêtes des sommets qui divisent les différents bassins et se dirigeant en suivant chacun des versants qui leur sont propres , sur les lignes collectrices.

Toutes les lignes en général seront cotées de longueur par différentes portées en rapport avec la longueur des différentes parties de pentes brisées de la même ligne à peu près régulières à la surface du sol ; les cotés des pentes et des longueurs seront figurées sur le plan, les profils du fond des lignes secondaires mis en rapport avec les profils du fond des parties de pentes des lignes principales, de sorte qu'à leur abouchement ou embranchement, l'eau n'éprouve pas d'obstacles à passer des drains secondaires dans les drains collecteurs.

On doit éviter de faire arriver les drains secondaires dans les drains collecteurs perpendiculairement à ceux-ci , leur jonction à angle aigu facilite mieux le tirant d'eau et empêche le dépôt des matières en suspension.

Ce plan servira actuellement à faire connaître à l'avance le chiffre de la dépense, et ultérieurement, à la constatation de l'importance des travaux partiels exécutés sur un projet plus étendu , ainsi qu'à reconnaître le point où le besoin des réparations se ferait sentir.

L'étude en cet état et lorsqu'il s'agit de commencer les travaux , l'auteur de l'étude jalonne sur le terrain la ligne d'opération pour fixer la direction des ouvriers , depuis la tête des lignes jusqu'au point de jonction ou de décharge, les sommets des courbes horizontales et les points d'intersection des parties de pentes des lignes en général ainsi que la profondeur des fouilles à tous ces points.

Au fur et à mesure que s'exécutent ces différentes opérations on les consigne sur le plan.

Des ouvriers commencent les tranchées des lignes collectrices par leur partie inférieure ou au point de décharge. Le gazon des terres en herbe et les terres de la couche végétale dans les labours seront déposées d'un côté de la tranchée et les terres inférieures de l'autre, la terre des fouilles ne rentrant jamais entièrement dans la tranchée ; cette méthode offre l'avantage de disposer des bonnes terres en excès, pour les employer au colmatage ou à l'amendement des espaces intervallaires. .

A mesure de l'ouverture des tranchées adjacentes ou secondaires (toujours commencées près des lignes collectrices), et à la partie supérieure de celles-là, on vérifiera le nivellement de fond des deux lignes, on placera avec le plaçoir en fer les tuyaux en commençant par la tête de ces lignes jusqu'aux embranchements où l'abouchement de ces tuyaux se fera par des tailles en biseau faites à chacun d'eux, l'embranchement bien fixé, au moyen de pierres de soutènement ou de terres pressées à la main.

On ne doit jamais descendre dans les tranchées que pour souder ainsi les tuyaux d'embranchement.

Il est bon de recouvrir chaque jour les tuyaux que l'on a posés, une hauteur de 30 centimètres de terre la plus légère et la plus poreuse devra être posée avec précaution sur les tuyaux, il serait bien de laisser quelques jours, le restant du remplissage à faire, si les circonstances le permettent.

On doit éviter de fouler ou pilonner les terres de remplissage. Ce procédé absurde est contraire au but que l'on s'efforce d'atteindre; c'est-à-dire au moyen de rendre la terre poreuse et imperméable.

Quelque soin que le fabricant de tuyaux apporte à leur confection, ils ne sortent jamais du four parfaitement droits, par conséquent la section ne reste jamais absolument perpendiculaire à l'axe, de sorte que la paroi du tuyau à l'intérieur de la courbe est toujours plus courte sur la ligne droite de son assise que la paroi de l'extérieur.

Cette courbe légère est bien loin d'être un défaut.

Le plus sérieux de la pose des tuyaux consiste à les poser avec le plaçoir en fer, sur leur fort, c'est-à-dire la courbe en dessus; ceci ayant lieu, on comprend que le succès du drainage peut être assuré par cette pose adroitement faite, tandis qu'il peut être compromis en négligeant cette forme de la pose.

Toutes les parois supérieures plus longues, fortement serrées d'about par le frappement répercussionnel du plaçoir en fer, répété sur chaque tuyau, se soudent ensemble, pour ainsi dire, d'un bout à l'autre de la ligne, tandis que les parois inférieures portant sur le fond des drains étant plus courtes, ne se touchent pas : c'est donc par les interstices ou solutions de continuité de ces parois inférieures, que les eaux d'égouttement en arrivant au fond des drains (après avoir contourné à l'extérieur le tube de ces tuyaux jusqu'auxdites solutions de continuité, par lesquelles elles remontent par l'effet de la capillarité) entrent dans les tuyaux, et non à travers la porosité de leurs parois, porosité qui ne doit pas, qui ne peut pas exister, quand les tuyaux sont bons et bien cuits.

Ces tuyaux doivent être tellement serrés d'about, qu'un homme fort qui descendrait dans une tranchée après la pose d'une longueur de cinquante mètres, ne pourrait avec la main arracher un de ces tuyaux sans en casser.

Pour obtenir facilement un nivellement parfait du fond des tranchées, nous disposons un jeu de nivelettes par atelier, pour être confié aux mains de l'ouvrier le plus habile, chargé en même temps comme chef, de draguer la fouille de fond, et de poser les tuyaux.

Ce procédé mis en œuvre, d'après notre méthode, simplifie considérablement l'opération.

Les ateliers ne doivent pas, sur chaque ligne, être composés de plus de trois ouvriers.

En 1853, dans le pays de Bray, nous avons adapté à la tête des ligues de drains, à partir du fond des tranchées, et comme continuation de la série de tuyaux de la ligne et posés dans la direction ascendante à 45 degrés d'inclinaison, plusieurs tuyaux arrivant jusqu'à trente-cinq centimètres dans le labour, et jusqu'à vingt centimètres dans le fond d'herbe, près de la surface du sol, pour servir de cheminée d'introduction à l'air refoulé par la pression atmosphérique.

En 1854, le journal anglais de la Société royale d'Agriculture (tome 9, page 340), rapporte sur ce point un fait bien digne d'attention.

MM. Hutchinson et Stafford, divisèrent pour expérience, un champ composé de sol de même nature, cultivé par la même méthode, par portions d'un acre ou 80 ares environ, deux de ces portions drainées avec des tuyaux ascendants en forme de cheminée, disposés à l'extrémité supérieure des lignes ; ces deux portions de terrain divisées et jouxtées par d'autres portions drainées sans cheminée d'aspiration.

Le rendement comparatif en blé a été de trois hectolitres vingt litres, et en paille, de cinq cent soixante-dix kilogrammes de plus, dans chacune de ces deux parties de champ drainé avec circulation d'air, que sur pareille contenance du même champ, drainé selon le système simple.

Comme on le voit, la dépense en plus consiste en un mètre linéaire de tuyaux par tête de ligne, dépense qui ne peut pas être mise sérieusement en face de l'importance du résultat.

Les innombrables canalicules de la porosité du sol, mises par les conséquences du drainage, en rapport avec les tranchées des drains, ne se referment jamais, car, aussitôt l'eau écoulée, l'air poussé par la pression atmosphérique s'introduit par ces mêmes canalicules, y circule continuellement jusqu'à ce que de nouvelles eaux de pluies ou d'irrigation plus pesantes que lui, arrivent et refoulent cet air dans les drains par les routes communes à ces deux élémenst.

Si une circulation permanente d'air, s'opère alternativement avec la circulation de l'eau par les ouvertures capillaires des canalicules de la porosité du sol, à combien plus forte raison, peut-on comprendre une circulation centuple d'air, par les cheminées d'aspiration.

C'est donc ainsi quand l'équilibre de température nécessaire existe dans toutes les parties du sol drainé, que l'air circule par les canalicules et les cheminées d'aspiration, depuis la surface du sol jusqu'à l'orifice des drains collecteurs de décharge, comme le sang, dans le système veineux de l'animal, circule des extrémités du corps jusqu'au cœur, foyer de circulation d'un autre genre.

Les physiciens nous démontrent, par l'analyse, qu'il entre dans la composition de l'eau 89 parties sur 100 d'oxigène, et par l'analyse de l'air ils trouvent 21 parties sur 100 du même gaz.

L'oxigène est le premier et le principal élément de la respiration des plantes ligneuses et herbacées, de là, son nom par excellence, d'air vital ; de là aussi le bienfait de son introduction au moyen de l'air et de l'eau dans le sein de la terre ; la décomposition de ces éléments laissant l'oxigène au bénéfice des racines des plantes, n'a lieu à grandes doses que par leur contact de circulation ou de frottement avec les molécules du terrain : tandis que dans la stagnation de l'eau dans les terrains non drainés, l'oxigène se combine avec les matières métalliques et forme des oxydes, qui se trouvent, par la succion des racines, introduits dans l'économie vitale des plantes, et occasionnent les maladies qui sévissent contre elles avec tant d'intensité. (Voir notre brochure de 1855).

Dans le premier cas, par la circulation active de l'eau et de l'air dans le terrain drainé avec cheminées d'aspiration, l'oxigène augmente et améliore considérablement l'alimentation des plantes, tandis que, dans le second cas, les oxides métalliques introduits dans l'économie vitale de ces plantes, amène plus ou moins promptement leur mort dans les terrains non drainés.

Que l'on juge, sur ces données, des résultats du drainage, et l'on trouvera que les maux qu'il fait éviter et les bienfaits qu'il produit sont l'un et l'autre inappréciables.

On ne doit pas trop éloigner les lignes de drains; dix mètres par exemple, d'abord, parce que l'assainissement d'un champ étant plus tôt opéré, l'on recueille plus promptement la récompense du travail ; ensuite, parce que ce mode de drainer les terres comporte la perfection même de l'assainissement.

Le zèle mal entendu de quelques agronomes, leur brillante imagination s'est appliquée à faire ressortir avec trop d'entraînement des calculs séduisants pour réduire excessivement la dépense et par là encourager le propriétaire à faire du drainage ; inutile de dire que ceux qui ont essayé sur ces données ont éprouvé de grands mécomptes.

Cet encouragement factice a fait à la propagation du drainage plus de mal que de bien : c'est sans doute une des causes principales qui ont arrêté l'enthousiasme qu'une si heureuse découverte aurait dû produire.

La pratique de cet art exige des connaissances étendues sur tous les détails du travail ; pour coûter moins cher, il doit être exécuté en grand et par entreprise, c'est le moyen de diminuer les dépenses d'étude et de direction.

On ne peut pas espérer obtenir ces travaux pour des prix illusoires, leur nature, d'ailleurs, s'oppose à de tels résultats, la manœuvre du terrassier sera toujours dispendieuse et difficile ; la puissance matérielle de la main de l'homme n'est pas illimitée au même degré que celle des machines de l'industrie ; nous pouvons assurer qu'on ne creusera jamais les tranchées du drainage à la mécanique, et en ceci comme pour tout autre chose, si on veut du travail bien fait, il faut le payer sa valeur, car, comme dit un proverbe, on n'a jamais bon marché de mauvaise marchandise.

En agriculture, la science des mécomptes nous apprend que rien ne doit y être mal fait, et il vaudrait bien mieux ne pas drainer du tout que de drainer imparfaitement.

Pour ne pas éprouver de mécompte dans la constatation des phénomènes latents ou apparents qui se passent, soit à la surface, soit à l'intérieur du sol, il faut tenir état des éléments mis en jeu, pour l'accomplissement de ces phénomènes.

Considérée comme quantité, la somme de calorique, d'air et d'eau primitivement attribuée à l'espace circonscrit par les limites de l'atmosphère, ne peut varier d'importance avec le temps, quoique l'emploi que la nature fait de ces éléments pour entretenir le mouvement continuel de la vie dans les deux règnes organiques, semble modifier l'importance de cette quantité.

Généralement parlant, l'équilibre parfait ne peut exister longtemps, car, l'équilibre en toutes choses serait le repos absolu, et le repos absolu étant l'absence du mouvement, serait la mort.

Ces trois éléments principaux organes du mouvement s'agitent sans cesse par suite du contact obligé que nécessite ce mouvement ; les bâses constitutives et réciproquement répulsives de leur nature leur font une loi impérieuse de cette agitation.

Ainsi le calorique, divisé par suite de cette agitation d'une manière plus ou moins inégale, établit la variété de la température.

L'air, réduit par le froid à l'état de compressibilité ou de densité et par le calorique à l'état de d'expansibilité ou de raréfaction dont il est susceptible, ainsi que dans les modifications intermédiaires qu'il subit pour passer au maximum d'un état du maximum de l'autre, produit dans l'atmosphère, quelquefois l'apparence du

calme, quelquefois aussi il tourmente la nature par son mouvement désordonné ; ce sont les divers degrés de force des vents, des
ouragans, des trombes et des tempêtes que provoque son déplace-
ment plus ou moins brusque, toujours provoqué par la dilatation ou
ou la condensation locale subites, émanant toujours de la puissance
plus ou moins agitée du calorique.

L'eau, qui manifeste si vivement sa présence au milieu des autres
éléments, reçoit d'eux des modifications de formes, qui semblent
dans certains cas, la multiplier à l'infini ou la faire disparaître par
la vaporisation ; mais qu'elle soit employée à saturer l'air d'humidité, à entretenir l'existence dans les deux règnes organiques sous
la forme de vapeurs ou de gaz vivifiants ou à l'alimentation de ces
deux règnes sous la forme liquide, il demeure bien constaté, qu'en
définitive, il ne se fait aucune déperdition des molécules de cet
élément.

La vapeur de l'eau conduite sur un point de l'espace où l'air se
trouve assez froid, se condense et se liquéfie pour reprendre de
nouveau l'état de vapeurs quand l'élévation de la température aura
lieu, dans la région où cette eau se trouvera placée.

Ces alternatives continuelles de densité et de vaporisation étant
le propre de cet élément, remplissent par cela même, un grand
rôle dans la nature.

L'eau de pluie ou d'irrigation introduite dans le sol remplit à
l'état de liquidité le principal rôle dans le grand acte de la végétation ; par son retour à la surface du sol, sous la forme de vapeurs
toujours accompagnées dans les terres non drainées, d'exhalaisons
et de miasmes, elle exerce ainsi, infaiblement, une influence morbifique sur l'économie animale et végétale.

Dans le cas de drainage habilement conçu et bien exécuté, les
eaux se mettent en mouvement immédiatement après leur chute,
elles se dirigent par les porosités anciennes et nouvelles du sol ;
quand elles se sont écoulées, la nature qui ne peut souffrir le vide,
introduit à leur suite l'air dans les mêmes porosités, ces deux éléments se filtrent successivement dans ce parcours, c'est-à-dire qu'ils
se dépouillent au profit du sol qu'ils traversent, de tous les principes vivifiants et fertilisants qu'ils contiennent de leur nature, mais

encore de ceux résultant de la décomposition des matières végétales et animales des engrais , de sorte , qu'ils arrivent aux drains avant d'avoir eu le temps de se corrompre , s'écoulent entièrement par les acqueducs , moins toutefois la partie retenue pour entretenir l'état de moiteur d'écrit plus haut , et aucunes molécules de ce fluide ne reparaît à la surface sous forme de vapeurs ou de brouillards ; par conséquent l'origine conductrice des exhalaisons et des miasmes pestilentiels étant supprimée , la salubrité publique devenue parfaite , fait oublier toutes les maladies animales et végétales qui émanent de ce principe morbifique , et le sol amélioré produit d'avantage.

Il n'y a donc que l'excédant de ces eaux introduites dans le sol non drainé , qui n'a pas été employé à la nutrition des plantes, qui se trouve soumis à la vaporisation , de sorte que l'air est toujours plus pur et plus sain près des grandes plantations que sur des surfaces dépourvues de végétaux.

Dans le premier cas , beaucoup moins de ces eaux reparaissent à la surface sous forme de vapeur , la majeure partie ayant été employée à l'alimentation des plantes ligneuses et herbacées, tandis que dans le second cas , elles y reparaissent entièrement et infectent l'air.

L'eau peut donc devenir , selon la forme que la nature et l'homme font de son emploi , la cause unique de grands biens et de grands maux.

Dirigée avec intelligence au moyen du drainage , on peut en satisfaisant tous les besoins , asssurer pour toujours le succès de ce grand rôle , et partout éviter les inconvénients inséparables de la vaporisation.

Quand on draine des terres encloses de haies , on doit faire attention de ne pas en approcher trop près , ni des arbres aquatiques tels que , le saule , l'aulne , l'osier , le peuplier , etc. Mais tous les plans d'arbres de terre saine , tels que le chêne , l'orme , le pommier et autres arbres fruitiers , la vigne et autres arbrisseaux et toutes les bonnes plantes herbacées , peuvent être drainés sans craindre que les racines arrivent jamais jusqu'aux drains ; les racines des plantes de cette dernière classe ne peuvent pas exister dans une région humide, puisqu'elles y deviennent malades et y meurent.

En agriculture moderne, l'assainissement des terres par le drainage bien établi, amène invariablement des résultats très-avantageux contatés d'ailleurs par l'expérience, en Angleterre, en Belgique, dans la Flandre, la Brie, le Maine, etc.

Le drainage consiste donc dans l'ouverture de simples tranchées pratiquées dans le sol, ayant cinquante centimètres de largeur à la surface, un mètre au moins de profondeur et dix centimètres au fond.

On place au fond de ces tranchées, un cours continu de tuyaux en poterie posés jointifs d'about.

Cet aqueduc de nouvelle espèce, construit d'après les règles de l'art, les lignes d'acqueducs rapprochées selon les exigences de la nature du sol, produit les résultats généraux qui suivent.

# DEUXIÉME PARTIE.

**Description des conséquences du drainage et des avantages qu'il produit.**

### § Iᵉʳ. — *Porosité du Sol.*

Tout le monde sait, que lorsque la pluie a lieu, ou bien que des eaux d'irrigation ont été répandues sur le sol non drainé, l'eau pénètre par de petits conduits, canaux ou canalicules que cette eau se creuse par son propre poids, poussée par la pression athmosphérique, dans une partie de ce sol, jusqu'à une profondeur en rapport avec la nature du terrain et jusqu'à la couche imperméable.

Cette profondeur peut varier selon la consistance plus ou moins glaiseuse et compacte du terrain, de vingt à quarante centimètres.

C'est la stagnation de l'eau dans cette couche superficielle du terrain qui lui vaut la dénomination de terrain mouillé, humide, de marais etc. , etc.

L'eau reste là , jusqu'à ce que la chaleur communiquée à la terre par le soleil, échauffe assez cette dernière , pour convertir l'eau en vapeur et la ramener à la surface , comme nous l'avons déjà dit , sous la forme de brouillards, de rosées, de gelées blanches etc.

Ces petits canaux capillaires , par lesquels l'eau descend sur la partie de terrain imperméable et par lesquels cette eau remonte à l'état de vapeurs ; ces petits canaux disons-nous , se dirigeant en zig-zags descendans sur tous les sens , les vides qu'ils produisent donnent à la terre , cette consistance creuse, que nous désignons par porosité , perméabilité , spongiosité , etc. , etc.

Le drainage a pour but d'augmenter la porosité de la partie du sol qui est anciennement poreuse , et de rendre poreuse et perméable la partie sous-jacente à celle-ci , qui ne l'est pas enoore.

Voici donc comment la porosité du sol s'établit à la suite du drainage.

D'abord, pour la surface du terrain occupé par les tranchées, la terre fouie et replacée dans ces tranchées est restée, faute d'un tassement assez serré , creuse, poreuse et perméable ; la pression de l'air aidant, elle attire avec facilité , à la manière des éponges, la quantité d'eau de pluie ou d'irrigation versée ou conduite sur cette surface ; cette eau parvenue au fond des drains , dirigée par l'action de la capillarité et du courant d'air, remonte dans les tuyaux, par les solutions de continuité qui se trouvent à la paroi inférieure de l'acqueduc , et de là est conduite par une pente régulière à l'orifice de décharge.

Voilà donc déjà l'effet produit , c'est-à-dire l'égouttement de l'eau et l'introduction de l'air et des gaz fertilisants dans la masse du terrain déposé dans la capacité des tranchées.

La porosité ainsi acquise par le volume entier de la terre de la tranchée , se propage continuellement de proche en proche , jusqu'à une distance d'écartement relative à la profondeur de ces tranchées.

La partie du sol, en prenant d'abord à la surface , près de chacun des deux côtés de la tranchée, commence , dès les premières pluies par s'ameublir sous l'effort de l'égouttement incliné des eaux vers la porosité factice première.

Effectivement, les eaux de pluie tombant sur le sol non drainé, immédiatement près de la surface de la tranchée déjà devenue poreuse, pénètrent dans ce sol comme avant cette opération, par les petits canaux naturels ou canalicules innombrables du terrain jusqu'à la couche de terre glaiseuse ou imperméable.

Ces eaux en descendant pèsent par leur propre poids et par la pression de l'athmosphère contre les parois de ces petits canaux.

Or, les gouttelettes d'eau qui circulent ainsi dans les canalicules conservées intactes dans la terre ferme immédiatement près de la tranchée d'ouverture de la fosse aux drains, pressant, comme nous venons de le dire, vers cette fosse contre les parois très-minces qui les divisent de cette tranchée, font céder par écaillement cette paroi qui n'est plus soutenue de ce côté, comme elle l'était précédemment par la terre voisine, alors ferme, maintenant détachée et convertie en terre de remplissage résistant beaucoup moins que la première.

Les secondes pluies ou celles continuées prennent de proche en proche et successivement la même direction, mais toujours à une nouvelle profondeur progressivement en rapport avec l'éloignement du point de départ; c'est-à-dire que ces eaux suivent toujours par imbibition parallèle et de biais, l'impulsion donnée par la destruction des premières parois intermédiaires, de sorte que, dans un délai d'un hiver humide pour certaines terres, de deux ou de trois au plus pour les terres les plus rebelles, l'infiltration factice des eaux s'opère d'une distance de cinq à six mètres de chaque côté dans chacune des lignes de drains.

Tel est le mécanisme naturel mis en jeu pour amener le terrain ferme, compacte, glaiseux et imperméable à l'état poreux et perméable jusqu'à une grande profondeur.

§. 2. — *État de moiteur acquis au sol après le drainage.*

Après la cessation des pluies et de l'irrigation, la surface du sol se dessèche en raison de la force plus ou moins subite de la cha-

2

leur. C'est alors que les molécules terrestres près de la surface déjà desséchée, mais encore voisine des dernières gouttelettes d'eau descendantes qui fuient lentement, les retiennent en suspension pour se les assimiler ; mais cette quantité d'eau ainsi retenue n'est pas assez importante pour humecter avec excès la superficie toujours de plus en plus brûlante, et par conséquent elle est trop minime pour produire à la surface des vapeurs ou brouillards ; en d'autres termes, la surface ne se dessèche jamais jusqu'au crévassement pendant que l'eau est en marche descendante et près d'elle; les molécules de la superficie s'échauffant, opèrent en petit sur cette eau descendante un commencement de vaporisation, attire ce produit vers elles, mais seulement en quantité suffisante pour tenir ces molécules superficielles dans un état de moiteur qui les empêche de se crévasser; c'est ainsi que la terre se desséchant trop, cherche à rétablir à la façon des éponges, l'équilibre de la moiteur et conséquemment attire vers elle l'humidité.

C'est à tel point que, ces effets du drainage facilement compris, du reste, par les personnes attentives, sembleraient, près de celles qui ne liraient que ces dernières lignes, tenir plutôt du phénomène et de la magie que d'un fait rationnel.

Le drainage desséchant les terres et en même temps les préservant de la sécheresse !

Il y a vraiment dans ces deux résultats opposés quelque chose qui, à première vue, présente deux conséquences en apparence inconciliables, mais un peu de réflexion suffit pour comprendre ces conséquences naturelles et par conséquent le bienfait de l'invention du drainage, et pour faire considérer cette invention comme des plus belles et des plus intéressantes de nos temps modernes.

L'état de moiteur dans les terrains drainés présente aux racines des plantes toutes les conditions réunies de la meilleure alimentation possible pendant la sécheresse, entretient constamment le sol dans cet état de douce température en même temps chaude et humide si convenable pour obtenir des terres cultivées toute l'exhubérance de leur fertilité.

---

En agriculture moderne, on met au nombre des innovations que l'on a saisies avec le plus d'empressement, l'approfondissement des labours et des plantations.

Nous sommes bien loin de reprocher la mise en pratique de ce procédé nouveau, nous commençons au contraire par approuver les modifications avantageuses qu'il apporte ; il constitue le plus grand acte de perfectionnement des temps modernes, mais comme chaque médaille, chaque innovation a son revers.

Ce mode de culture comporte en lui-même le sien ; il est à regretter que l'on n'ait pas songé à faire marcher de front les deux côtés de la médaille, c'est-à-dire, que l'on n'ait pas mis simultanément en pratique, le drainage comme antidote corrélatif du labourage profond et des plantations également plus profondes.

On a cru devoir ajouter aux labours plus profonds l'engraissement excessif des terres ; on a employé des engrais plus nouvellement faits et par conséquent moins décomposés et moins consommés ; on a compris que la décomposition fermentescible des fumiers possédant encore tous leurs séls alcalins et ammoniacaux, fixes et solubles, serait plus avantageuse pour le progrès des végétaux, ayant lieu dans le terrain même que dans les fumières.

Sur tous ces points on a raisonné logiquement ; ces procédés sont les plus rationnels possibles en agronomie, leur mise en pratique dans les conditions voulues et prescrites, complétée par le drainage, comporte en elles-mêmes le succès assuré de l'agriculture moderne.

En labourant plus profondément, on a mis sur la scène de production les couches sous-jacentes au terrain végétal anciennement cultivé, décorées du tittre de terres neuves ; on n'a pas réfléchi qu'on trouverait dans les nouvelles couches du terrain encore inexplorées, des substances minérales tenues jusque-là dans un état inoffensif, on n'a pas pensé à provoquer par le drainage, l'évacuation souterraine des eaux qui stagnent au milieu de ces substances, les dissolvent et se présentent ainsi chargées d'oxydes minéraux à la nutrition des plantes ; les maladies du pommier planté plus profondément, de la vigne, de betterave, des pommes de terre, cultivées sur des labours plus profonds, n'ont pas eu de causes plus majeures que celles-ci. (Voir notre brochure de 1853).

Dans la couche supérieure du sol où vivaient anciennement les racines des végétaux plantés moins profondément selon l'ancienne

méthode, les parties matérielles des oxydes minéraux plus humec-
tées par les pluies qui les atteignent plus facilement par rapport
au peu de profondeur de leur gisement, fouies depuis longtemps
dans cette faible couche supérieure, se sont de longue date dissoutes et évaporées, ou bien ont pénétré plus bas sur le sous-sol
avec les eaux des pluies descendantes, lesquelles eaux pendant
leur séjour sur la couche de terre imperméable ont déposé avant
leur évaporation, les parties non encore dissoutes de ces oxydes
où les plantations et les labours modernes plus profonds les ont
récemment retrouvées ; ceci explique pourquoi les maladies modernes des végétaux ont tant tardé à paraître et n'ont sévi qu'après
la longue période d'années humides que nous venons de traverser,
années survenues peu de temps après l'adoption du mode de plantations et de labourages plus profonds.

Le drainage contemporain à l'origine de ce mode, eût préservé
l'agriculture de grandes calamités.

La quantité et la qualité des engrais augmentés, mises en contact avec ces substances minérales non dissoutes pendant l'ancien
mode de culture superficielle, en se décomposant et se dissolvant
simultanément, ont par suite de l'infiltration plus profonde des
des eaux des grandes pluies ou d'irrigation, modifié de concert les
principes séveux et nutritifs des végétaux.

En s'introduisant dans leurs organes circulatoires, ces substances
délétères y ont porté les désordres les plus graves.

Effectivement, si la combinaison chimique de la sève ascendante
est irrégulière, s'il s'introduit avec la sève par la succion des racines toujours prêtes à aspirer tous les liquides qui se présentent,
des eaux sulfureuses corrompues et des sucs chargés outre mesure
de principes ferrugineux, les organes de la végétation refusent
de fonctionner, étant impropres à l'élaboration de cet aliment trop
intense, insecrétable et par conséquent malfaisant et délétère.

Il s'ensuit pour la feuille un état d'inanition, causé par le refus
de concours des autres organes sécréteurs atrophiés ; son développement se trouve arrêté, les vaisseaux de son tissu s'oblitèrent,
la sève imperfectible achève de se corrompre par la présence de
l'acide carbonique non exhalé ; cette sève constitue ainsi un cam-

bium vicié, dont les molécules les plus déliés s'inoculent pendant sa marche descendante dans toutes les parties de la plante, corrompt et noircit comme lui les parties ligneuses et corticales ; les molécules les plus matérielles de ce cambium vicié se coagulent par masses, suintent par les fendillements de l'écorce, ou s'amassent çà et là sous la forme de matière visqueuse et gluante de couleur brun-foncé et répandant une odeur fétide, enfin telles que nous les retrouvons par quantités assez importantes, entre l'écorce et le bois du pommier et de la vigne morts de maladie.

Si l'on examine de près la similitude des rapports qui existent entre les conditions vitales de l'animalité et celle de la végétation, on comprend facilement ceci.

Par exemple, pour l'homme : l'abus du vin, sa plus salutaire boisson ; de l'alcool, substance indispensable comme stimulant, curatif et préservatif médical ; des viandes comme comestible le plus succulent ; toutes matières propres à l'alimentation de l'homme, lesquelles, prises à des doses modérées et en rapport avec ses forces digestives et d'assimilation des organes, constituent, pour lui, l'hygiène la plus pure.

De même aussi, pour les végétaux, l'analyse chimique du bois pris dans son état le plus parfait, accuse la présence du fer et des produits de la décomposition animale et végétale des engrais : donc, une minime quantité de ces substances assimilables par les organes nutritifs de la plante lui est nécessaire ; mais l'introduction dans l'économie vitale des végétaux par l'intermédiaire de la sève ascendante, d'une dose excessive de ces substances, ne peut pas davantage subir l'assimilation que dans le cas comparé de l'animalité ; l'économie vitale, chez l'homme, ne peut s'assimiler les liqueurs fortes et les aliments trop succulents.

La constitution physique et les moyens physiologiques des individus de l'un et de l'autre règne organique sont tels, qu'ils ne peuvent user des meilleures choses du monde avec excès, sans encourir immédiatement les conséquences toujours funestes de maladies sérieuses et souvent de la mort prématurée.

L'introduction dans l'organisme vital des végétaux, d'une sève ascendante saturée de substances corrompues et par conséquent délétères, provenant des conséquences des plantations et des la-

bours plus[profonds pratiqués en l'absence de leur correctif le drainage, a donc causé la maladie et souvent la mort d'un grand nombre de ces espèces, principalement du pommier et de la vigne.

Dans les pièces de terre dépouillées de leurs plants de pommiers,
dans celles en partie déplantées, dans d'autres où les langueurs de
la maladie en fait encore mourir tous les jours, et dans celles que
l'on veut planter à neuf, que l'on draine ces terrains, les lignes à
dix mètres d'écartement, que l'on plante peu profondément les
pommiers et autres arbres fruitiers, sur les lignes ou tranchées
mêmes des drains, on obtiendra à coup sûr par ce moyen, des
plants de première qualité et exempts de maladies.

Le drainage bien fait assainit le sol au bout de trois ou quatre
ans; les racines du jeune plant n'ayant pendant ce temps, parcouru
qu'une faible distance en dehors de la surface des tranchées, l'assainissement général se trouvera donc prêt à temps, pour recevoir
ultérieurement l'extension progressive de ces racines.

Que l'on draine les vignes de toutes espèces et sur toutes les na-
tures différentes des sols, les lignes plus rapprochées que pour le
pommier, que l'on renouvelle les plants du pommier et de la vigne
et l'on obtiendra un plein succès pour l'un et pour l'autre plant.
(Voir notre brochure de 1855).

Nous pouvons affirmer qu'en conséquence du mode de culture
moderne, l'on ne réhabilitera jamais ces deux espèces de plants si
intéressants, avant d'avoir usé de l'énergique moyen de remplace-
ment général après le drainage ; la maladie étant inoculée en germe
dans l'économie vitale de ceux actuellement adultes.

La stérilité persistante du pommier et l'absence d'espoir d'amélioration des plants actuels de cet arbre, font prévoir une calamité
que l'on ne pourra conjurer que par la prompte déplantation et le
renouvellement dans la forme que nous prescrivons.

Ce court exposé, n'est que la préface des avantages généraux du
drainage.

Toutes les espèces de terrains qui présentent au moins un mètre
d'épaisseur au-dessus du roc (les dunes et sables exceptés), ont
besoin de cet énergique et puissant moyen d'amélioration.

Les terres basses, de bonne ou de mauvaise qualité, les terres
élevées, horizontales ou inclinées, les terres fortes, froides, argi-

leuses, glaiseuses, marneuses, calcaires et crétacées, celles des landes et bruyères et surtout celles qui sont de nature imperméable, appellent le bienfait du drainage.

### §. 1er. — *Terrains de bonne qualité.*

On ne doit pas croire que les terrains de bonne qualité sont, par les procédés de l'agriculture ancienne, amenées à leur maximum de production.

Une quantité donnée d'améliorations faites sur les bons terrains, leur ferait produire, comparativement à ce que cette même quantité déposée sur des terrains de qualité inférieure produisent, un chiffre augmentatif de revenu d'autant plus important, que les dispositions originelles des fonds étant meilleures, l'amélioration serait mieux secondée, soutenue plus longtemps.

Lorsque les pluies tombent sur ces terrains dits de bonne qualité qui paraissent sains et semblent exclure le drainage ; ces eaux, pas plus là qu'ailleurs, ne s'anéantissent, celles qui pénètrent dans ces terrains doivent nécessairement reparaître à la surface, soit comme aliments absorbés par les plantes, soit sous la forme de vapeurs qui s'élèvent particulièrement le soir et pendant la nuit, surtout après une jourdée de chaleurs, retombent le matin condensées en forme de rosées, où s'élèvent dans l'atmosphère pour concourir avec les brouillards produits par les mers et par les rivières, à la formation des pluies et des orages.

Les vapeurs émanant de ce bon sol, sont d'autant plus chargées d'exhalaisons et de miasmes, que le terrain est gras ; ce sont ces vapeurs produites par des eaux corrompues au milieu des débris végétaux et animaux de l'humus, qui occasionnent les maladies endemiques, lesquelles par leur fréquence et leurs caractères inconnus, sont souvent qualifiées d'épidémiques.

Elles sévissent cruellement contre les habitants des bas-pays et sur les bestiaux mis aux paturages.

Que de maladies dont on ignore l'origine et qu'on ne peut pas toujours guérir, n'ont pour causes principales et quelquefois uni que, que l'action morbifique des eaux corrompues dans le sol, absorbées par les organes respiratoires, sous la forme de vapeurs souvent invisibles, de brouillards, ou de rosées.

Chez les animaux herbivores, le mode de station qui leur est propre, les assujettit à aspirer les effluves de l'intérieur du terrain, immédiatement au sortir du sol et lorsque ces émanations possèdent encore au plus haut degré, leurs propriétés délétères encore indivisées.

Le charbon, le mal de bois, l'hématurie ou pissement de sang, les maladies de pied, le fourchet, le piétin du mouton, et presque tous les accidens pathologiques provenant du sang et des humeurs n'ont bien souvent pas d'autre origine.

Pendant les premiers mois de chaleurs printanières et estivales, l'aspiration pulmonaire de bouffées de vapeurs suffocantes, produit sur l'animal un effet stimulant excessif des forces vitales du sang, lequel effet, en même temps fatigue et paralyse la résistance des tissus de tout le système vasculaire qui le contient.

On comprend que d'une part, si le sang dont les mouvements deviennent d'autant plus irréguliers qu'ils sont vifs, et que d'autre part, les vaisseaux qui le contiennent s'exténuent par la fatigue même qu'ils éprouvent de ce travail exagéré, on comprend, disons-nous, que cet état anormal des tissus vasculaires dispose ces vaisseaux à une rupture violente.

Le plus léger coup de soleil avenant, l'hématurie ou l'apoplexie surviennent brusquement.

Le drainage dans ces bons herbages, en annulant la vaporisation des eaux, supprime par là même les bouffées de vapeurs surexcitantes ; le sang de l'animal moins tourmenté lui procure l'avantage d'une existence plus tranquille, plus calme, existence si favorable à son développement, à son engraissement, et aux fonctions des organes productifs du lait.

Que d'espèces d'herbes dont l'animal fait sa nourriture, plus aptes à recueillir du sol les principes vénéneux, sont toujours couvertes ou enduites du produit méphitique de la vaporisation ; ainsi introduites dans le tube digestif, elles prêtent leurs concours aux effluves émanant du sol et ainsi hâtent en commun le développement des affections morbides.

Que de malaises permanents tiennent cet animal dans un état de langueurs et de souffrances continuelles, qu'il n'éprouverait pas sur le même terrain drainé, ne. produisant plus de vapeurs, lesquelles souffrances, sans présenter tous les caractères d'une maladie grave, l'empêchent pourtant de croître, d'engraisser ou de donner des produits lactaires, selon les cas et la destination du sujet.

Voici un autre inconvénient non moins grave.

Dans les contrées de pacage, où les animaux vivent en liberté sur des pâturages abondants, le cultivateur a bien soin de se procurer les espèces d'animaux qui présente un tempéramment plus froid et une constitution physique plus forte, plus rude et plus dure, et par conséquent plus résistantes aux influences du terrain trop fort et aux dangers du sang, mais aussi, moins propres à l'engraissement prompt et abondant, et moins riches en dispositions lactifères.

Tous les herbagers savent que pour obtenir d'un pâturage tout l'avantage possible, c'est-à-dire, pour que les bœufs engraissent promptement et bien, et pour que les vaches produisent beaucoup et de bon lait, il faut que la force du fonds domine le tempérament, le poids, et la nature de l'animal ; mais les cultivateurs qui suivraient ce bon précepte sur de bons herbages non-drainés, s'exposeraient à voir périr par les maladies qu'occasionnent le sang, les bestiaux qui seraient placés dans ces dernières conditions ; tandis que si ces herbages étaient drainés on pourrait user sans danger de ce bon précepte.

On comprend qu'en suivant sévèrement les règles obligatoirement comprises, sur les terres non-drainées, c'est-à-dire, en parquant les herbages avec des bestiaux plus forts que le fonds, ces bestiaux ainsi placés sur des terrains donnant des produits inférieurs à leurs besoins et trop faibles pour répondre aux nécessites de leur force supérieure d'organisation, doivent souffrir de cette insuffisance de nourriture et par conséquent produire moins que ne comportent leurs dispositions naturelles ; de là des pertes considérables que l'on n'éprouverait pas sur un terrain relativement plus fort, mais drainé.

Si les cultivateurs herbagers se rendaient bien compte des pertes apparentes et occultes qu'ils éprouvent, pertes occasionnées par le choix forcé d'animaux indispensablement convenables , non pas à la qualité des fonds disposés à l'engraissement prompt, ni possédant les plus grands moyens de prod uction du lait ; mais un tempérament et un poids éminemment supérieurs aux qualités intrinsèques du fonds non-drainé et par conséquent sustentés de produits d'un sol inférieur bien insuffisant pour les pousser promptement vers le but cherché.

Il n'y a pourtant pas à hésiter : ou il faut agir ainsi, ou il faut s'exposer à voir périr les bestiaux.

Si le cultivateur était bien pénétré de l'indispensabilité du drainage, il en solliciterait l'application partout, mais plus particulièrement dans les meilleurs fonds d'herbages et de labours, lesquels, comme on le voit, sous le rapport sanitaire et d'assainissement, en ont plus besoin que les autres.

Le drainage soutirant les principes morbifiques, provenant de la stagnation des eaux corrompues dans le sol, ces principes ne peuvent plus occasionner aucunes maladies endémiques et ne servent plus de véhicule aux maladies épidémiques.

Le drainage serait donc le meilleur mode d'assurance contre la mortalité des bestiaux.

### §. 2. *Terres compactes, basses ou élevées.*

Le drainage appliqué aux terres compactes, glaiseuses, alumineuses, basses ou élevées, les rend en général plus poreuses, les dispose à l'introduction immédiate de l'eau de pluie, de l'air et des gaz atmosphériques fertilisans, lesquels, eaux et gaz, ne sont jamais en trop grande quantité, lorsqu'ils ne font que passer sans stagner dans les couches supérieures du sol, et lorsque leurs résidus s'assimilent immédiatement selon les besoins des plantes.

De ces considérations découle l'idée que l'irrigation produirait sur les terres drainées tous les bienfaits et éloignerait tous les dangers dont ce mode d'arrosement peut être susceptible.

La retenue de l'eau par l'effet de la capillarité tient le sol le plus aride constamment frais sans humidité nuisible, empêche le crévassement des terres et prévient ainsi les conséquences désastreuses de la sécheresse.

C'est ainsi que dans les terres les plus denses et les plus compactes la chaleur subite, en procédant trop vivement à l'évaporation des eaux de pluie répandues dans le sol non drainé, provoque nécessairement dans ces terres glaiseuses le retrait trop prompt des parties moléculaires tenaces du sol ; ces molécules, plus pressées par de vifs rayons solaires, n'ayant pas le temps de se désagréger lentement que procure toujours l'égouttement moins prompt, s'agglutinent et font sous l'effort de l'eau se vaporisant, retrait par grandes masses. Ce retrait subit produit des solutions de continuité intérieures ou crévasses, lesquelles divisent profondément le sol, de sorte que la terre compacte se trouve crévassée en tous sens, aspire par les crévasses et avec excès le calorique et les vents brûlants de la canicule, subit une dessiccation excessive qui fait périr les plantes.

Si ce terrain était drainé, devenant plus meuble, il ne s'agglutinerait ni se crévasserait plus, conserverait cependant toujours assez de dispositions à se fendiller pour que l'action de la capillarité s'exerce d'une manière d'autant plus énergique que les divisions tubulaires des particules terrestres seraient petites, conserverait non-seulement l'existence aux plantes, mais encore les ferait pousser vivement, le sol se maintenant frais sous une température élevée.

### §. 3. *Terres froides.*

Les terres froides reposant sur l'argile plastique, glaiso-silicieuse, glaiso-marneuse, etc., se trouvent dans le même cas qu'une caisse d'arbustes ou un pot de fleurs, qui ne seraient pas percés par le fond.

L'eau d'arrosement de ces plantes descendues au fond de ces vases n'ayant pas d'issue y resterait stagnante et s'y corromperait.

Servant ainsi d'aliment aux racines, elle produirait les mêmes effets pernicieux sur les racines, que les eaux stagnantes et corrompues dans les terrains froids non drainés, produisent à l'égard des pommiers, de la vigne, des plantes herbacées. etc.

Si ces terres froides sont en prairies, les joncs, les roseaux, les laiches, les presles, les mousses y dominent.

Si ces terres sont en labour, certaines espèces de chardons,

le pas-d'âne, etc., deviennent en outre des premières, très-préjudi-
ciables en nuisant au progrès des grains ; ils causent leur étiole-
ment, font couler les fleurs et avorter les fruits.

La pratique de la charrue est souvent impossible dans la saison
convenable, ou bien les labours mal faits ou inexécutés en temps
inopportun ne laissent aux produits que peu de chances de salut.

Si le terrain est planté d'arbres fruitiers et de végétaux cultivés,
c'est alors qu'à la suite de plusieurs hivers humides, l'on éprouve
de grandes pertes de plantes et de fruits.

C'est ainsi que dans quelques cantons de la Normandie on a subi
la funeste maladie des pommiers ; tous les autres végétaux ont
souffert considérablement.

La maladie de la vigne n'a pas eu d'autres causes. (Voir notre
brochure de 1853.)

Dans les pièces de terres froides et humides soumises à la culture
des céréales, nous retrouvons des maladies graves qui n'ont pas
d'autres causes que l'absence du drainage, entre autres le charbon,
la nielle ou nuile, etc.

Nous lisons dans le journal l'*Illustration* du 24 mai 1856 ce qui
suit :

« L'ustilago carbo des botanistes est un champignon microsco-
» pique qui détruit complètement les organes floraux de l'avoine,
» de l'orge et du froment, et qui attaque parfois la tige et les
» feuilles.

» C'est surtout dans les champs situés près des rivières et des
» étangs ou dans les fonds humides que cette maladie cause le plus
» de ravages, et cela parce que l'humidité est indispensable au
» développement des champignons. Les froments charbonnés sont
» généralement plus petits et plus maigres que les autres ; lorsque
» leurs épis commencent à sortir de la gaîne, ils sont noirs comme
» s'ils avaient été exposés au feu, ou plutôt comme s'ils étaient
» couverts de suie. A mesure que l'épi s'élève, l'ustilago s'accroît
» et détruit rapidement la plus grande partie des écailles florales.

» Ordinairement tous les grains d'un épi et tous les épis d'un
» même pied sont charbonnés.

» En examinant au microscope la poussière noire du charbon,

» on voit qu'elle est entièrement composée de spores ou fruits de
» champignon , arrondis ou ovoïdes ; elles adhèrent à de longs
» filaments blancs excessivement minces qui proviennent du My-
» cellium , du parasite.

» L'avoine est plus fréquemment charbonnée que le froment.
» Lors de la maturité du parasite , les cloisons des cavités dispa-
» raissent , et toute la masse semble se transformer en une pous-
» sière noire , puis les enveloppes florales sont dévorées et on ne
» retrouve plus que l'axe de l'épi et des débris informes.

» On peut faire germer les spores dans l'eau à vingt degrés pen-
» dant trente heures. »

Ainsi donc, le drainage est le meilleur spécifique contre le charbon des céréales , la nielle ou nuile , etc.

Sur ces terrains froids , la chaleur produite par le printemps
suffit à peine pour opérer l'évaporation de l'eau introduite pendant
l'hiver dans le sol; avant cette évaporation , l'air et le calorique
bienfaisant ne peuvent y pénétrer.

C'est donc seulement après les trois plus beaux mois de l'année,
perdus à consommer l'évaporation et le dessèchement des terres ,
que commence d'agir sur elles la chaleur solaire.

Le drainage soutirant les eaux au fur et à mesure de leur arivée
sur le terrain , les premiers rayons solaires du printemps trouvent
le sol drainé dans un état de moiteur convenable à l'action fé-
condante de ces rayons ; cette action se fait sentir dès l'apparition
du soleil de mars ou trois mois plus tôt.

Que l'on réfléchisse à cette amélioration du climat : la végétation
en général plus précoce , se faisant mieux , les gelées blanches si
pernicieuses pendant les belles nuits de mars , avril et mai , man-
quant d'aliment dans le produit de la vaporisation , actuellement
disparue comme conséquence du drainage, la floraison des arbres,
la pousse des céréales plus primeuses, ne conduiraient plus, comme
avant le drainage , leur développement attardé , imparfait et ma-
ladif jusqu'en juin et juillet pour les voir subitement rôtir par la
chaleur caniculaire qui nous amenait de désolantes stérilités.

## §. 4. — *Terres fortes.*

Quant aux terres fortes et argileuses, elles ont tout à la fois l'inconvénient de ne pas laisser assez facilement pénétrer l'eau et de la retenir trop fortement lorsqu'elles en sont imprégnées. Il résulte de là que, suivant la saison, elles pèchent alternativement par un excès d'humidité ou par un excès de sécheresse; pendant ce dernier état, elles se fendent sous l'action du soleil et des vents, et dans l'un comme dans l'autre cas, elles arrêtent la végétation.

Si ces terres sont cultivées et que l'on vienne labourer trop tôt, le sol est encore détrempé et pâteux, les attelages s'y enfoncent; si l'on vient trop tard, la terre est devenue tellement sèche et dure que l'on y perd son temps et on brise ses instruments, et pour résultat de mauvaises récoltes.

Le drainage, comme on l'a vu, fait disparaître ces inconvénients.

## §. 5. — *Terres sèches et incultes.*

Dans les terres sèches, à base calcaire, schisteuses, siliceuses, quartzeuses, etc., situées sur des plateaux ou des pentes, le drainage produirait des avantages importants, non par rapport à l'assainissement de ces terres, lesquelles par elles-mêmes sont déjà trop sèches, mais sous le rapport de la facilité de l'imprégnation que le drainage produit, et par conséquent de la retenue des eaux de pluie, provoquée par l'ameublissement plus profond du sol.

Lorsque les pluies tombent sur ces terrains secs et inclinés, la forme et la consistance de ces terres empêchent les eaux de pénétrer, et la pente les entraînent rapidement chargées des matières de l'engraissement portées à grands frais sur ce sol de difficile accès; de sorte qu'il reste à la suite de ces pluies appauvri et raviné.

C'est le cas surtout de la plupart des vignobles assis sur les coteaux.

Ces eaux pourraient cependant être retenues dans le sol incliné, comme nous l'avons dit plus haut, par l'augmentation de l'épaisseur de la couche de terre plus ameublie et rendue plus perméable par un drainage profond.

L'état de moiteur intérieur que le drainage entretiendrait, faciliterait l'introduction des eaux de pluies immédiatement après leur chute, et la descente torrentielle de ces eaux supprimée.

Les drains dans les terres en pentes seraient posés de biais à la déclivité ou disposés en zigzags et présenteraient au plus trois pour cent de pente.

Les terres incultivées deviendraient par le drainage artificiellement fertiles, comme le sont devenues naturellement celles que nous cultivons depuis longtemps.

Il y a de bonnes terres sur toutes les positions possibles ; il ne s'agit pour les obtenir productives, que de les assainir quand elles sont trop humides, ou de retenir les eaux dans la couche cultivable, quand elles sont trop sèches.

Le drainage produit, selon les cas, ces deux résultats opposés.

Le drainage à un mètre vingt centimètres de profondeur est bien préférable à celui de soixante centimètres et voici pourquoi.

La masse de terre superposée aux drains, imitant les fonctions d'un filtre, étant dans le premier cas d'un volume double, il faut pour l'imprégner complètement d'eau, une quantité double de pluie ; et pour sa dessiccation jusqu'à devenir préjudiciable par suite de grandes sécheresses, il faut également le double du temps, circonstance bien précieuse !

Le drainage présente donc un double avantage : d'abord, de retarder, sinon de les annuler, les conséquences de l'excessive abondance d'eau dont une quantité donnée versée par les pluies ou par l'irrigation, se trouve disséminée dans un réceptacle de capacité double, et ensuite d'empêcher la sécheresse de se produire aussitôt et aussi malfaisante.

On pourrait craindre que les eaux, en descendant au travers de la couche de terre amendée, n'entraînent avec elles dans leur cours continu l'essence même de l'engrais, la transporte au dehors par le canal des drains et n'appauvrisse d'autant le sol.

On doit se tranquiliser sur ces craintes, les drains étant à une profondeur d'un mètre minimum, les eaux, moins celles retenues par la capillarité, traversent cette couche importante sur un trajet d'un à cinq ou six mètres de biais, sous la forme de transpiration lente, ténue et disséminée à l'infini, par conséquent arrive aux drains parfaitement filtrée et dégagée de toutes molécules ou particules matérielles, ainsi que de tous fluides gazeux et fertilisants.

Elles descendent toujours à l'état de condensation ou de liquidité: le propre des vapeurs est de tendre toujours vers la direction ascensionnelle, ainsi, dans le cas de non drainage; il s'échappe plutôt à la surface, avec le produit de la vaporisation, beaucoup de ces principes fertilisants.

On doit au contraire se féliciter d'avoir un moyen sûr par le drainage, pour l'évacuation souterraine de l'eau encore condensée et pour éviter la vaporisation toujours si dangereuse sous tant de rapports.

### §. 6. *Des Inondations.*

Si les terrains des grands bassins du Rhône, de la Saône, de la Loire et les versants de leurs affluents avaient été drainés depuis deux ou trois ans, quand les fontes subites des neiges, jointes aux grandes pluies du printemps de cette année 1856, sont arrivées, il est bien certain que les désastres causés par les inondations auraient été réduits à leur plus simple expression.

Se figure-t-on l'immense volume d'eau de pluie, qui aurait été employé à l'imprégnation du sol drainé, sur un mètre d'épaisseur, d'une quantité de terrain dépassant plusieurs centaines de lieues carrées, rendu poreux par le drainage dans ces bassins et du retard qu'aurait éprouvé cette eau, pendant son infiltration, et sa retenue dans cette masse immense de sol imprégné, retard bien important, pendant lequel les eaux provenant de la fonte des neiges des montagnes aurait pu prendre les devants et s'écouler sans dommage important; les eaux de pluies ainsi retenues, arrivant après l'écoulement de celles-là, n'auraient occasionné que la prolongation d'un grossissement ordinaire de ces fleuves.

Ce serait le cas infaillible de convertir en un bienfait pour l'agriculture, cet élément bien conduit, qui devient, étant abandonné à lui-même, une calamité incommensurable.

On comprend l'utilité des délais d'imprégnation et d'égouttement, dans l'un et dans l'autre cas.

On trouve une preuve incontestable de l'influence du drainage dans la modification de la température intériuere du sol ; en temps de neige et sur un drainage nouvellement fait, on reconnaît de loin à la surface le tracé souterrain des lignes ; ce sol, par l'élévation de la température intérieure, fond cette neige d'autant plus promptement qu'elle est tombée plus près de ces tranchées , et la neige reste plus longtemps en forme de sillons plus ou moins larges sur les espacés intervallaires.

Le drainage est l'antidote corrélatif du labourage profond et de l'engraissement forcé ; en annulant la vaporisation de l'eau , il fait disparaître promptement l'inconvénient du revers de la médaille , car il rend parfaitement sain l'aliment des plantes.

Les eaux du drainage , dirigées convenablement , peuvent servir à l'alimentation des fermes , des bassins, des pièces d'eau d'agrément et à l'irrigation.

Peu d'années après un drainage exécuté sur une grande échelle et le renouvellement des plantations , notre beau pays, naguère si productif, redeviendrait plus fertile qu'avant cette époque décennale de funeste humidité que nous venons de traverser , et qui menace de se perpétuer longtemps.

L'agriculture moderne, par suite des modifications utilement introduites, exige impérieusement, comme correctif, le drainage de tous les terrains.

Ce 4 juillet 1856.

www.ingramcontent.com/pod-product-compliance
Ingram Content Group UK Ltd.
Pitfield, Milton Keynes, MK11 3LW, UK
UKHW031729170726
13836UKWH00002B/530